中国少儿百科

恐龙大时代

尹传红 主编　　苟利军 罗晓波 副主编

核心素养提升丛书

四川科学技术出版社

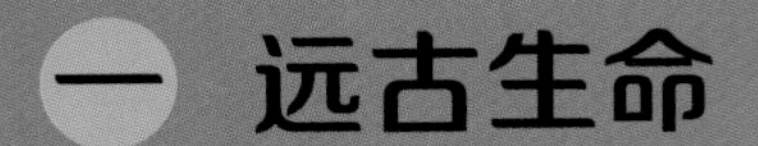

一 远古生命

小朋友，你一定在科幻电影、漫画中见过巨大的恐龙。可是你知道吗，恐龙生活在极为遥远的远古时代，属于古爬行动物。

2.5 亿年前至 2 亿年前的那个时期被称为“三叠纪”，分早、中、晚三个世，据科学家考证，恐龙就是在晚三叠世开始出现的。

有一种恐龙叫波塞东龙，身高 17 米左右，是当时最高大的恐龙之一。

恐龙家族十分庞大，种类繁多，据推测，最早诞生的恐龙可能是始盗龙。除此之外，在恐龙大家族中，还有南十字龙、黑丘龙、异特龙、剑龙、霸王龙以及三角龙等。

在中国这片辽阔的大地上，曾经也生活着众多恐龙，包括禄丰龙、永川龙、中华龙鸟等。

那么，是不是所有的恐龙都很大呢？当然不是，已知最小的恐龙与小巧玲珑的蜂鸟的大小相当。

剑龙体格雄壮，身长7~9米。可是，你知道吗，它们的脑容量却很小，只有一个核桃那么大。

远古时代的海洋里，还有邓氏鱼、沧龙等大型动物。

沧龙是生活在远古海洋中的大型爬行动物，体型非常庞大，模样很像是“海中的大恐龙”。

邓氏鱼非常凶猛，善于捕食各种海洋动物，堪称最优秀的猎手。

恐龙时代结束后，哺乳动物时代到来了，各种巨兽不断涌现，例如长着尖利犬齿的剑齿虎、披着浓密长毛的猛犸象，以及长颈驼、巨犀等。

在已知的陆地哺乳动物中，体型最大的就是巨犀，体长可达 9 米。

二 恐龙大时代

三叠纪地球气候温暖干燥，生物面貌焕然一新。到了晚三叠世，裸子植物几乎占领了整个地球。

晚三叠世，小巧敏捷的恐龙不断出现，主要代表有始盗龙、南十字龙、腔骨龙等。

始盗龙是已发现的诸多恐龙中最原始的一种。有些科学家认为始盗龙可能是所有恐龙的祖先。

始盗龙

所处年代：晚三叠世

体长：约 1.5 米

食物：小型动物、植物等

发现地点：南美洲

始盗龙用后肢行走，前肢能抓握，是典型的杂食性动物。

南十字龙

所处年代：晚三叠世

体长：约 2 米

食物：小型动物

发现地点：巴西

埃雷拉龙

所处年代：三叠纪中晚期

体长：约 5 米

食物：小型爬行动物

发现地点：南美洲

1970 年，人们在巴西发现了南十字龙的化石。因为在南半球发现的恐龙化石较少，而且南十字座是南半球常能看见的星座，于是人们就将其命名为“南十字龙”。

埃雷拉龙是凶猛的肉食性恐龙，它的听觉非常敏锐。埃雷拉龙的第一块骨骼化石，是一位叫埃雷拉的阿根廷农民在无意中发现的。

腔骨龙身体轻巧，它们的骨骼是中空的，奔跑速度非常快，再加上它们那尖利且带有锯齿的牙齿，非常适合捕猎小型动物。

和埃雷拉龙、腔骨龙等恐龙相比，里约龙就显得高大多了，体长可达 10 米。不过，里约龙的脊椎是中空的，这样可以减轻点儿身体的重量。

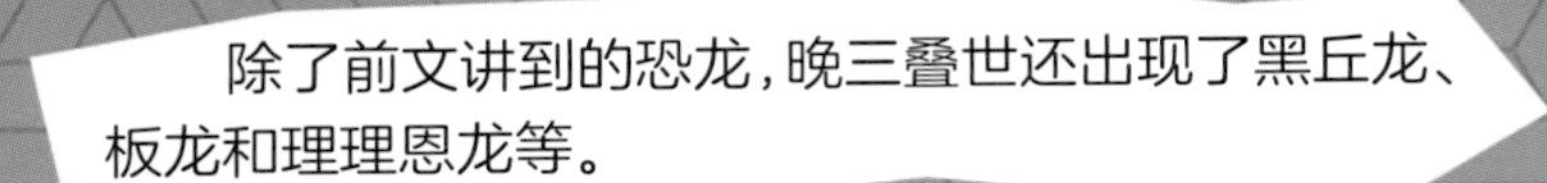

黑丘龙的个头超过了里约龙，也以植物为食，还经常吞下一些石块，帮助肠胃消化食物。

黑丘龙的躯干和四肢非常健壮，可是脑袋却很小，看起来好玩极了！

黑丘龙

所处年代：晚三叠世

体长：10~12 米

食物：植物

发现地点：南非

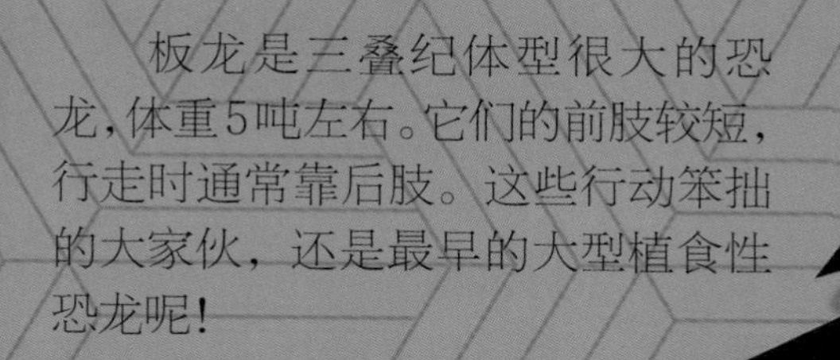

板龙是三叠纪体型很大的恐龙，体重5吨左右。它们的前肢较短，行走时通常靠后肢。这些行动笨拙的大家伙，还是最早的大型植食性恐龙呢！

板龙

所处年代：晚三叠世
体长：6~10 米
食物：植物
发现地点：欧洲

理理恩龙

所处年代：晚三叠世
体长：约 4~5 米
食物：动物
发现地点：欧洲

有时候，狡猾的理理恩龙还会躲在水里，伺机捕捉猎物。

在庞大的恐龙王国中，理理恩龙算不上大块头，但是在当时生活的所有肉食性动物中，体型最大的却是它们。板龙虽然比理理恩龙体型更大，却经常受到理理恩龙的袭击。

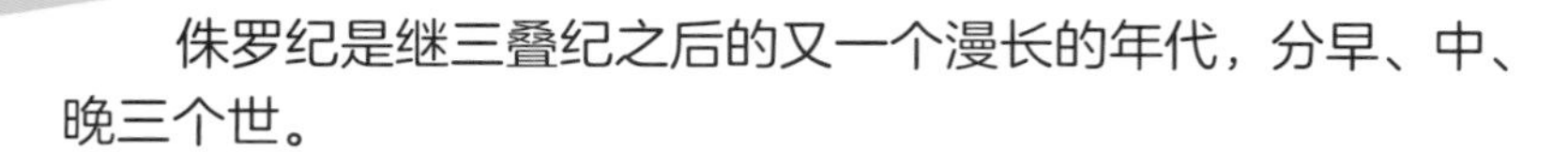
佛罗纪是继三叠纪之后的又一个漫长的年代，分早、中、晚三个世。

异特龙又叫“跃龙”或“异龙”，头上长着角冠，嘴巴可以张得很大。它们那又大又重的尾巴，能使身体和头部保持平衡。

异特龙

所处年代：晚侏罗世

体长：8~12 米

食物：植食性恐龙

发现地点：北美洲

嗜鸟龙

所处年代：晚侏罗世

体长：约 2 米

食物：蜥蜴、小型哺乳动物等

发现地点：美国

嗜鸟龙是一种行动敏捷的小型恐龙，它们擅长奔跑，可以快速追捕小动物。有时候，嗜鸟龙还会猎食其他恐龙的幼崽。

斑龙、剑龙、梁龙、角鼻龙、腕龙和双脊龙等也是侏罗纪时期极具代表性的恐龙。

斑龙是最早被科学地描述和命名的恐龙，它们的牙齿又长又弯，而且十分锐利。

斑龙

所处年代：中侏罗世

体长：7~9 米

食物：植食性恐龙

发现地点：英国

梁龙是恐龙家族中的“巨人”，成年梁龙体长最长约 30 米。虽然很庞大，但它们也有天敌，为了对付敌人，它们会猛甩自己的大尾巴。原来，它们的大尾巴里有约 70 块脊椎骨，怪不得这么厉害！

只看名字，剑龙好像是很凶猛的恐龙，其实它们是植食性动物。不过，剑龙的样子确实非常威武，体长 7~9 米，背上还长着不少三角形骨板。更有趣的是，它们还能扇动骨板为自己散热呢！

剑龙

所处年代：侏罗纪

体长：7~9 米

食物：植物

发现地点：亚洲、北美洲

梁龙

所处年代：晚侏罗世

体长：最长约 30 米

食物：植物

发现地点：北美洲

角鼻龙的鼻子上长有短角。也许，它们会将短角用作攻击和防御的武器，或用来求偶。

角鼻龙

所处年代：晚侏罗世

体长：5~7 米

食物：植食性恐龙

发现地点：北美洲、欧洲

腕龙前肢长，后肢短，无法用后肢站立。不过，它们身材高大，抬起头来有 4 层楼那么高，可以轻松吃到树梢上的嫩叶。更奇妙的是，腕龙妈妈是一边走一边下蛋的。

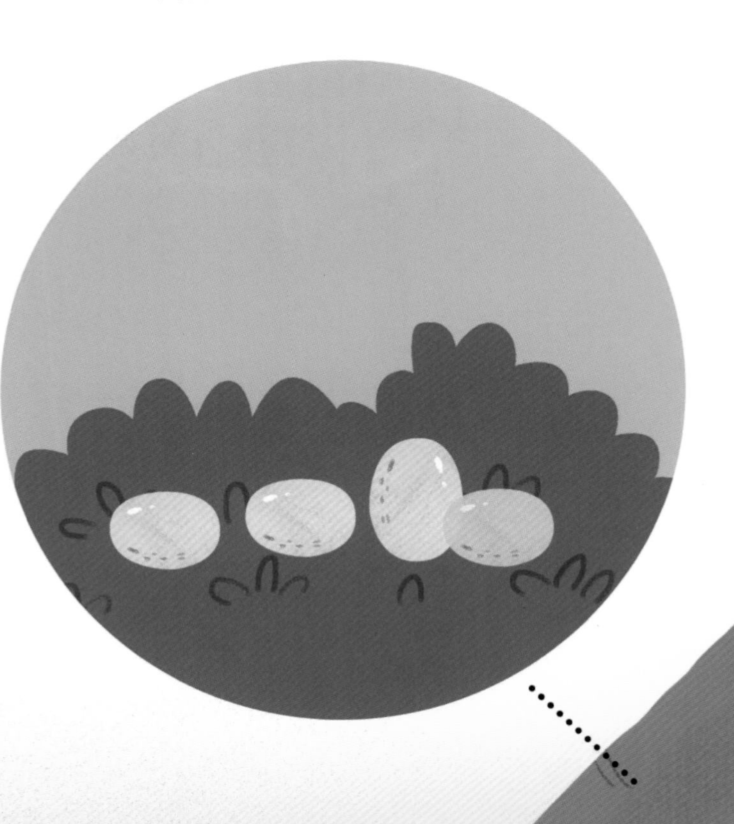

腕龙
所处年代：晚侏罗世
体长：23~30 米
食物：植物
发现地点：美国西部

双脊龙
所处年代：早侏罗世
体长：约 6 米
食物：植食性恐龙、蜥蜴等
发现地点：中国、意大利、美国

双脊龙的头冠非常漂亮。它们的后肢粗壮有力，十分灵活，可以轻易捕获石缝、树洞里的蜥蜴。

度过漫长的侏罗纪之后，地球进入白垩纪。白垩纪分早、晚两个世。

1.45 亿年前至 0.66 亿年前的白垩纪，地球变得更加温暖湿润，大地上开始出现开花植物，与此同时还诞生了不少小型哺乳动物。

这个时期，恐龙世界仍在不断增加新成员，例如阿根廷龙、包头龙、棘龙等。

阿根廷龙简直是个超级巨无霸，它们的体长可以达到 43 米。可是它们在老了之后，可能会遭到玫瑰马普龙的攻击。

阿根廷龙
所处年代：晚白垩世
体长：35~43 米
食物：植物
发现地点：阿根廷

包头龙又叫优头甲龙，属于甲龙类恐龙。

包头龙虽然个头不大，但全身长着坚硬的鳞甲，背上还长着尖锐的骨刺，尾端还有一个强有力的骨锤，这些都是它们自卫的利器。

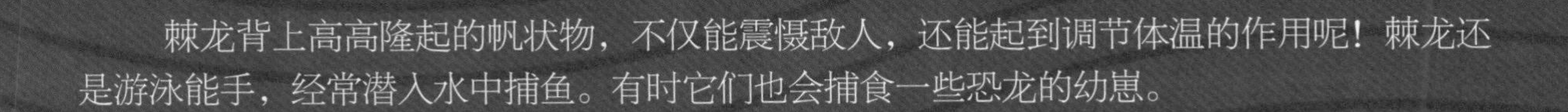

棘龙背上高高隆起的帆状物，不仅能震慑敌人，还能起到调节体温的作用呢！棘龙还是游泳能手，经常潜入水中捕鱼。有时它们也会捕食一些恐龙的幼崽。

棘龙

所处年代：约 1.12 亿年前至 0.93 亿年前的白垩纪
体长：11~15 米
食物：鱼类、恐龙幼崽等
发现地点：非洲

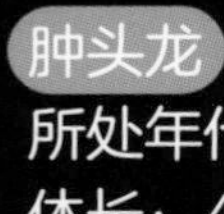

肿头龙
所处年代：晚白垩世
体长：4~5 米
食物：植物
发现地点：北美洲、亚洲

肿头龙生活在晚白垩世，它们的头骨向上隆起，就像肿了一样，又像戴着一顶帽子。肿头龙具有一定的防御能力，遇到天敌时，会用“铁头功”来攻击敌人。

食肉牛龙
所处年代：晚白垩世
体长：约 8 米
食物：植食性恐龙
发现地点：南美洲

食肉牛龙的眼睛上方长着一对角，形状酷似牛角。这种恐龙体型庞大，动作敏捷，奔跑速度可达 60 千米 / 时，因此有“白垩纪的猎豹”的称号。

三角龙长有巨大的头盾和锐利的尖角，其中两个尖角在眼睛上方，另外一个在鼻子上。如果三角龙和霸王龙狭路相逢，三角龙的尖角甚至可以刺穿霸王龙的皮肤。

三角龙

所处年代：晚白垩世

体长：7~9 米

食物：植物

发现地点：北美洲

原角龙和三角龙都属于角龙类。猜猜看，原角龙长有几个角呢？呵呵，其实一个也没有，但是它们的鼻子上长有小突棘。

有研究者认为，在繁殖的季节，几只雌性原角龙会共用一个巢穴轮流下蛋。

原角龙

所处年代：晚白垩世

体长：2~3 米

食物：植物

发现地点：亚洲

始盗龙生活在遥远的三叠纪，而霸王龙是晚白垩世的霸主。可是你知道吗，有部分研究者认为，小小的始盗龙其实是霸王龙的祖先。真是太奇妙了！

霸王龙的体重为6~8吨，是已知最大的陆地肉食性动物之一。它们生性残暴，能一口咬碎三角龙的骨头，简直就是恐龙王国中的霸王，因此霸王龙又被称为“暴龙”。

窃蛋龙是恐龙中的异类，拥有羽毛，与鸟类很相似。

注意，不要被它的名字迷惑哦！窃蛋龙并不是偷蛋的恐龙，它们只是在保护自己的蛋，使宝宝们免受其他恐龙的伤害。

窃蛋龙属于小型恐龙，体长通常只有2米左右。不过，人们发现最小的窃蛋龙化石仅有60厘米长。

庞大的恐龙王国成员众多，个体差异极大。它们有的体型硕大，有的小巧敏捷。

已知世界上最高的恐龙之一是波塞东龙，它们身高可达 17 米，几乎接近 6 层楼的高度。它们的体长超过 30 米，体重为 50~60 吨，是名副其实的大块头。

很多学者认为易碎双腔龙是地球上存在过的体长最长的恐龙。学者在发现易碎双腔龙的化石后，发现它的椎板非常薄，容易破碎，于是就用“易碎”来为这种恐龙命名。

世界上头骨最大的恐龙是谁呢？它就是牛角龙。它们的脑袋比霸王龙的还大，还长着超大的头盾和锐利的尖角，很多恐龙都不敢轻易招惹它们。

在恐龙时代，有一种叫宽娅眼齿鸟的动物，与蜂鸟的大小相当。可它们真的是鸟吗？当然不是。那它们是哪类动物呢？没想到吧，它们其实是世界上最小的恐龙！

最聪明的恐龙又是哪一个呢？它就是伤齿龙。因为就身体和大脑的比例来看，它们的大脑是恐龙中最大的。

三 中国的恐龙

禄丰龙

所处年代：晚三叠世或早侏罗世

体长：6~9 米

食物：植物

发现地点：云南禄丰

云南禄丰曾是禄丰龙的家园，在这里，人们发现了它们的化石。禄丰龙生活在浅水区，繁盛的时间较短。

你知道吗，世界上第一枚恐龙邮票就是中国发行的，而这枚邮票上的主角就是禄丰龙。

永川龙

所处年代：晚侏罗世

体长：8~11 米

食物：植食性恐龙

发现地点：重庆

永川龙化石是在四川永川（今属重庆）发现的。它们视觉敏锐，拥有锋利的爪子和牙齿，而且前肢十分灵活，后肢粗大，非常善于奔跑。

神奇灵武龙曾经生活在今天的宁夏灵武，它们的化石直到2004年才被发现，是一种新发现的新蜥脚类恐龙。

神奇灵武龙

所处年代：中侏罗世

体长：15~20米

食物：植物

发现地点：宁夏灵武

长颈鹿的脖子够长了吧，可马门溪龙的脖子更长呢！长颈鹿的脖子只有 7 节颈椎骨，而马门溪龙的脖子足足有 19 节颈椎骨。

它们的食性和长颈鹿接近，都爱吃树叶。

马门溪龙

所处年代：晚侏罗世

体长：20~30 米

食物：植物

发现地点：四川宜宾马鸣溪

就像窃蛋龙一样，中华龙鸟也长有像鸟类一样的羽毛，但它们其实是小型恐龙，和鸟类没有任何关系。之所以被称为中华龙鸟，是因为科学家一开始误以为它们是鸟类。

中华龙鸟

所处年代：早白垩世

体长：约 1 米

食物：蜥蜴、昆虫等

发现地点：辽宁北票

四 消失的物种

曾经无比繁盛的恐龙家族，也不过是地球上的匆匆过客。在白垩纪末期，统治地球亿万年的恐龙时代终结了。

白垩纪末期，地壳运动活跃，火山喷发、地震、海啸等灾害频发，所有生物深陷险境。到了 0.66 亿年前，一颗小行星撞击了地球，给无数生灵带来了灭顶之灾。

巨大的灾难导致地球上 80% 的生物迅速灭绝，而侥幸存活下来的生物，仍面临着巨大的生存危机。

随着生态环境的急剧恶化，地球上的各类植物迅速减少，大量植食性恐龙因为食物短缺纷纷饿死。
为了填饱肚子，各类肉食性恐龙更加疯狂地自相残杀，导致数量锐减。
不过，蛇、蜥蜴、鳄鱼等爬行动物，以及一些小型哺乳动物，它们侥幸逃过劫难顽强地存活了下来。

这种状况不知持续了多久。最终，恐龙这种曾经称霸地球的庞然大物彻底灭绝了。它们留下的只有化石。
在巨大的灾难中存活下来的小型动物，可能是因为它们不需要太多的食物，也可能是因为它们的适应能力更强。
古老的鹦鹉螺，就从远古时代一直延续到了今天，所以它们又被称为海洋中的“活化石”。

后来，人们偶然间发现了恐龙化石，才知道远古时代曾经出现过这些神秘动物。

死亡后的恐龙，皮肉渐渐腐烂，它们坚硬的骨骼和牙齿却渐渐被无机盐充填，最后变成了珍贵的恐龙化石。

1822 年，英国医生曼特尔发现了一种形似鬣蜥的动物牙齿化石，但个头却大得多。于是，曼特尔给这些化石命名为“鬣蜥的牙齿”。后来的研究发现，这种动物化石属于禽龙。

曼特尔医生是世界上最早发现恐龙化石的人。

有的恐龙化石深埋在地下，有的隐藏在岩层中。和岩石相比，恐龙化石的颜色通常更深一些。

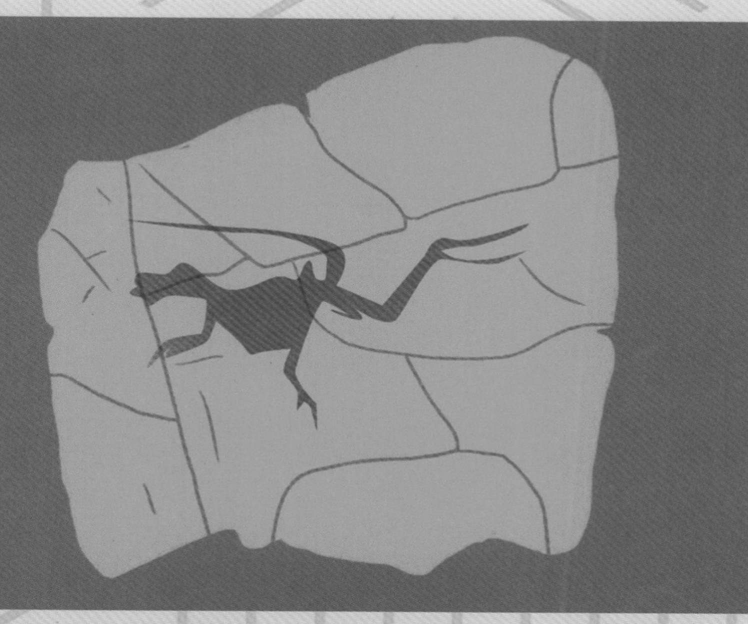

考古人员挖到一块一块的恐龙化石后，把它们组合起来才能构成完整的恐龙骨架。

科学家还能根据副栉龙头骨的结构，用电脑模拟出它们的叫声呢！

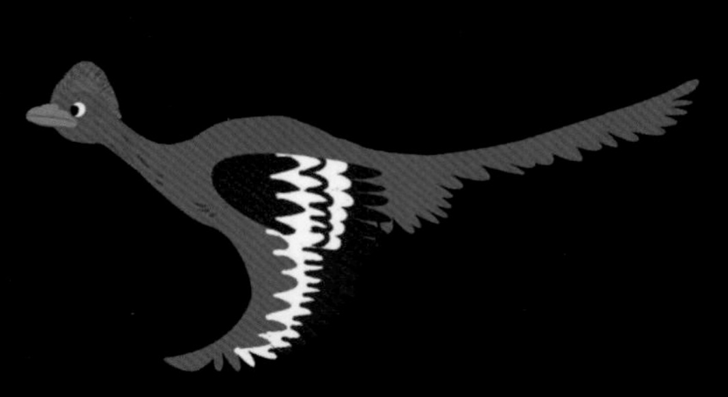

科学家通过研究赫氏近鸟龙化石中的黑素体，确定了其羽毛的颜色，并进行了复原。真是太了不起了！

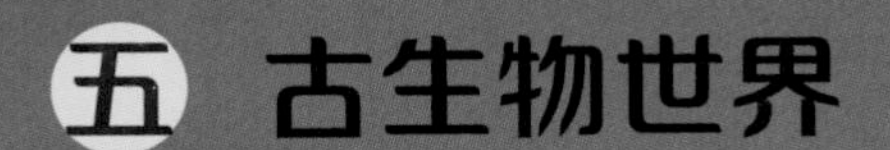

五 古生物世界

除了恐龙，小朋友们对其他古生物也很感兴趣吧？下面让我们一起去看看。

生活在寒带的猛犸象，在近 4 000 年前才灭绝，它们的大小近似现代象。

猛犸象

所处年代：晚更新世
动物属性：哺乳动物
体长：约 5 米
食物：草、树叶、灌木等
发现地点：欧洲、亚洲、北美洲

生活在几千万年前的巨犀，体重约15吨。它们原本生活在森林里，后来环境发生变化，森林变成草原，进而形成荒漠，最后巨犀因食物不足而灭绝。全世界最大、最完整的巨犀化石就是在中国发现的。

巨犀

所处年代：渐新世
动物属性：哺乳动物
体长：7~10 米
食物：树叶等
发现地点：亚洲、欧洲

曾经称霸地球几千万年的剑齿虎，拥有一对犹如利剑一样的犬齿。它们性情凶残，捕猎技巧高超。

剑齿虎

所处年代：中新世至更新世

动物属性：哺乳动物

体长：1.2~2.7 米

食物：象、鹿等

发现地点：北美洲、南美洲、亚洲、欧洲

长颈驼的名字里虽然有“驼”字，但它们却没有驼峰，它们的鼻子有点儿像象鼻，但比象鼻短得多。一旦遇到天敌，它们就会用强壮的长腿踢打对方，或者迅速逃跑。

长颈驼

所处年代：更新世

动物属性：哺乳动物

身高：6~8 米

食物：草、树叶等

发现地点：南美洲

马陆又叫千足虫，属于节肢动物。远古时代的巨型马陆是最大的节肢动物之一。

巨型马陆一般隐藏在阴暗的岩石缝隙中，视力很差，但它们的嗅觉和触觉很发达。巨型马陆行动缓慢，主要吃落叶、腐尸等。

巨型马陆

所处年代：石炭纪
动物属性：节肢动物
体长：约 3 米
食物：落叶、植物幼芽、动物腐尸等
发现地点：美国

沧龙是海洋中的超级霸王，它们体型庞大，拥有强壮有力的尾巴。它们的耳部非常神奇，科学家推测它们能将听到的声音放大 38 倍。

沧龙

所处年代：晚白垩世

动物属性：爬行动物

体长：1~21 米

食物：蛇颈龙、金厨鲨、海龟等

发现地点：欧洲

有学者认为，在弱肉强食的世界，沧龙这种异常强大的顶级掠食者用了数万年时间，使得金厨鲨等动物彻底灭绝。

邓氏鱼生活在 4.05 亿年前至 3.58 亿年前，是海洋中的大型远古鱼类。它们的头部长着骨质甲片，嘴巴的咬合力异常强大，能轻松地把一头小鲨鱼咬成两截。

邓氏鱼的凶猛程度并不逊色于沧龙，很多动物都是它们的食物，有时候它们甚至会捕食同类。

邓氏鱼

所处年代：晚泥盆世

动物属性：鱼类

体长：6~11 米

食物：鲨鱼、三叶虫、菊石、鹦鹉螺等

发现地点：欧洲、非洲、北美洲

图书在版编目（CIP）数据

恐龙大时代 / 尹传红主编；苟利军，罗晓波副主编 .
成都：四川科学技术出版社，2024. 12. --（中国少儿百科核心素养提升丛书）. -- ISBN 978-7-5727-1641-6

Ⅰ . Q915.864-49

中国国家版本馆 CIP 数据核字第 2025SG8214 号

中国少儿百科　核心素养提升丛书
ZHONGGUO SHAO'ER BAIKE HEXIN SUYANG TISHENG CONGSHU

恐龙大时代
KONGLONG DA SHIDAI

主　　编　尹传红
副 主 编　苟利军　罗晓波
出 品 人　程佳月
责任编辑　潘　甜
营销编辑　杨亦然
选题策划　陈　彦　鄢孟君
助理编辑　王美琳
封面设计　韩少洁
责任出版　欧晓春
出版发行　四川科学技术出版社
成都市锦江区三色路 238 号　邮政编码 610023
官方微博 http://weibo.com/sckjcbs
官方微信公众号　sckjcbs
传真 028-86361756
成品尺寸　205mm × 265mm
印　　张　2.25
字　　数　45 千
印　　刷　文畅阁印刷有限公司
版　　次　2024 年 12 月第 1 版
印　　次　2025 年 1 月第 1 次印刷
定　　价　39.80 元

ISBN　978-7-5727-1641-6

邮　　购：成都市锦江区三色路 238 号新华之星 A 座 25 层　邮政编码：610023
电　　话：028-86361770